鳥の専門家が書いた セキセイインコの飼育本

強くて元気なセキセイインコと長く暮らすために

お迎えしたら、小さくても大事な命。
家族の一員として精一杯、
可愛がってあげましょう。

キセイインコは、色柄も多彩。

仲間意識も強く、色々な表情や行動など性格もさまざまです。

しい思いをさせないようにして、飼育管理も、きちんとしましょう。

はじめに

●メイトマンがセキセイインコと関わり出した歴史！

　ワタクシは幼少時代から、生き物全般が好きで、小さい頃は、昆虫やトカゲ捕まえ、ザリガニ釣りなどに夢中でした。最初に飼っていた小鳥はカナリアでした。その後、ワニ、ハムスター、モルモットなど色々な小動物も飼いました。セキセイインコを手に入れたのは、たしか小学校高学年辺りだったと思います。その辺りからセキセイインコをはじめとして、色々な鳥類（小鳥、鳩、鶏など）を飼育してきました。ペットとして飼うよりも繁殖を中心として飼うことが多いです。

　幼少時代のセキセイインコは、ノーマルやオパーリン柄が多かったのですが、年々色々な色柄のセキセイインコが増えてきて色柄を楽しめるようになりました。逆に現在は、野生種のノーマルグリーンを見る機会が少なくなりました。
　現在は、色柄だけではなく体の大きさも大切な大型セキセイインコをメインに、その他、文鳥やコキンチョウ、ハムスター、フロリダブルー（ザリガニ）、メダカと共同生活している毎日です。

品種の紹介

オパーリンブルー♀

ノーマルブルー♂

ノーマル ヒナ

シード

　セキセイインコの餌は、ヒエ、アワ、キビが主体となりますが、それ以外にカナリーシード、オーツ麦、ニガシード、ソバの実など与えても良いでしょう！　粟穂も好んで食べます。

野菜

ハコベ

ニンジン

　小松菜、チンゲン菜、豆苗、ブロッコリー、パセリ、ニンジン、トウモロコシなどです。
　ハコベ、オオバコ、タンポポなども良いでしょう。
　野菜は良く洗ってから与えましょう。

チンゲンサイ

豆苗

ネコジャラシ

犬稗

インコの四季 春

　春は穏やかな気候なので、ヒナさんを迎えたり、巣引きさせるのには最適な時期です。
　でも夜などは冷え込む事もあるので急激な冷え込みには注意しましょう。

夏

撮影協力：こどもの国

　暑いシーズンです。
　インコさんは暑さには比較的強いですが！カゴ全体が直射日光に当たってしまうと さすがのインコさんも日射病になってしまいます。
　風通しが良く、日陰が作れるような場所に置いてあげましょう。
　インコさんは暑くなると！口でハァハァパクパクしたり、翼のワキを浮かして暑がるポーズをします。クーラーのある室内では直接風のあたらない場所にゲージを置きましょう。
　飲み水などは傷みやすくなるのでこまめに交換して下さい。
　餌は水分などや湿気でカビの発生の原因にもなるので、水浴び器や水飲み器の近くには置かないようにしましょう。
　この時期の巣引きは、巣箱の中が蒸れたり、暑さの影響で親の体力消耗も激しく、雛が餌をまともに貰えなかったり餌の食いも悪くなる時もあるので、なるべく避けた方が良いでしょう。

秋

　暑さも落ち着き過ごしやすい季節に入ります。
　春と同じく巣引きさせるには良い時期です。しかし、気温が１４度以下になると雌の卵詰まりの可能性もあるので注意してあげて下さいね。
　春に生まれたヒナは初めての秋に入ります。
　日本で生まれたセキセイインコは比較的に寒さには強いので過保護にせずに余りにも寒い時には保温をしてあげても良いでしょう。
　多少の寒暖差にならして耐寒性をつけてあげましょう。

冬

寒くなって来ました。

人間と同じくセキセイインコも苦手な寒い季節。

今年生まれたヒナさんには初めての寒さを経験します。

現在のセキセイインコは日本の季節にも慣れて屋外飼育もされてます。

ほとんどの方が室内飼育と思いますが、寒いからと言って過保護になる必要はありません。

寒さに慣れさせる事も必要です。

巣引きは、なるべく避けた方が良いでしょう。

餌に関しては、たんぱく質や脂肪分に富むカナリーシードなどの割合を多目にしてあげても良いでしょう。

オスとメスの見分け方

　セキセイインコは生後1ヶ月頃からオス・メス判断が出来るようになります。

　生後3ヶ月では更にはっきりと判断出来るでしょう。セキセイインコは、ろう膜(鼻)で判断出来ます。

　オスは、ろう膜が青色になりますが、ルチノー、アルビノ、ハルクイン(レセシブパイド)のろう膜は青色ではなく、ピンク系に近い色になります。人間の爪の色に近い感じです。

　メスは、ろう膜が褐色や白が多い色になります。

　オスと比べるとろう膜にカサカサ感があります。

目次

最初に	18	換羽（トヤ）	45
		問題行動	
ヒナの飼い方	21	（噛む・毛引き）	46
暮らし	23	病気	48
まず用意するもの	25	写真撮影	57
特に守って欲しい事	27	鳥も診れる動物病院	60
べたなれを目指す	28	インターネット	61
注意すること	30	インコサークル	62
卵対策　過剰発情	33	インコイベント	64
オヤツ	34	原産地のセキセイ	65
副食(その他の餌)	35	インコ豆知識	66
野菜	36	2羽目の鳥	67
シード	38	移動・宿泊	68
ペレット	40	巣引き	71
教えて！　メイトマン	41	遺伝の法則	76
注意すること	44	最後に	77

最初に

　セキセイインコをお迎えするには、ペットショップ、鳥専門店、ブリーダーなどからの入手方法があります。
　ヒナや成鳥のどちらもインコの十分な知識を持った店員さんがいる店から購入するのが良いでしょう。

●体が大きくしっかりしてる個体を選びましょう！
体を膨らませている個体はやめましょう。

●頭や顔を見てみましょう！
口まわりなど汚れていませんか？　吐いたりしていると口まわりが汚れている場合があります。

●目を見てみましょう！
生き生きとした目をしてますか？　目のまわりはきれいですか？　中途半端に目が開いていたり、目やにや涙など流している個体は避けましょう。

●ろう膜(鼻)を見てみましょう！

鼻水が出たり、汚れたりしていませんか？

●クチバシを見てみましょう！

変形したり、欠けたりしていませんか？
かみあわせは正常ですか？　クチバシに白い線のようなものが入ってませんか？

●翼や尾羽を見てみましょう！

翼など不自然に抜けていたり、不自然な生え方をしていませんか？　折れたりしていませんか？

●脚や指、爪を見てみましょう！

白いかさぶたのようなものはついていませんか？　出血後の傷などありませんか？　指や爪が変な方向に曲がっていたり、爪が欠けていたりしていませんか？

とまり木にはきちんとつかんでとまれますか？

前指二本と後指二本でとまり木につかまります。

● **お尻まわりを見てみましょう！**
お尻まわりが汚れていませんか？汚れていたら下痢の可能性があります。総排泄腔(そうはいせつこう)まわりはきれいですか？　出血などしていませんか？異物的なできものはないですか？

● **鳴き声や呼吸を見てみましょう！**
息をしてる時に変な音が聞こえていませんか？

※セキセイインコの寿命は平均8～9年ほどです。選ぶ時には、健康でしっかりとした個体を見分ける事が大事です。

ヒナの飼い方

　自分の家で生まれたヒナを手のりに出来ればとても嬉しい事だと思います。ヒナを購入して、手のりにする事も出来ます。

手のりにする時期
生後2〜3週間くらいの間が良いでしょう！

サシ餌
成長期のヒナは、
たんぱく質・炭水化物・カルシウム・ビタミン・ミネラルなどの栄養が必要です。

　基本はアワ玉になりますが、一緒にボレー粉、青菜、卵の殻などをすり鉢で擦ったものを与えます。
　パウダーフードやビタミン剤を混ぜるのも良いでしょう。
　サシ餌は、アワ玉をお湯で煮たものです。水分を捨てたら、ボレー粉や青菜や卵をすりつぶしたものやビタミン剤、パウダーフードなどを混ぜて与えます。冷たい餌は食べないので、温かい餌を与えて下さい。熱すぎると火傷するので、指を入れても熱くない程度を目安です。サシ餌は腐りやすいので、サシ餌の度に作るようにしましょう。

生後3週間頃から落ちてる餌も食べるようになってきます。サシ餌とは別に、アワ玉、ムキ餌、皮つき餌、ボレー粉などを別の容器に入れておくのも良いでしょう。
　一緒に給水器も用意しましょう。

● サシ餌は1日4～5回に分けて与えます。

　餌は、そのうにためてから消化していきます。そのうに餌がなくなってきたらサシ餌してあげましょう。
成　長する過程で、他の餌も食べるようになるので1日のサシ餌の回数が少なくなります。
　生後5週間もすると成鳥用の乾いた餌を食べるようになり水分を含んだサシ餌を嫌がるようになります。サシ餌を嫌がって食べなくなって成鳥用の餌を食べていたらサシ餌卒業です。成鳥用の餌に切り替わります。

● アワ玉は生後3ヶ月くらいで中止しましょう。

※ヒナの成長　1週間毎に変貌！
孵化したてのヒナは、
赤肌で羽がなく目も
開いていません。

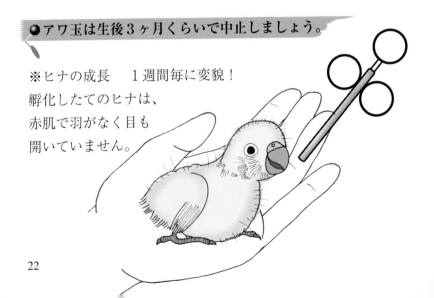

暮らし

　セキセイインコと一緒に暮らす事は家族の一員なので日々の管理はとても大事です。

　毎日世話をしながら、異常がないかをチェックしましょう。

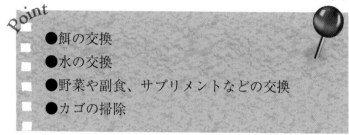

- ●餌の交換
- ●水の交換
- ●野菜や副食、サプリメントなどの交換
- ●カゴの掃除

　月に一度はカゴの殺菌も兼ねて熱湯消毒なども行いましょう。

●爪切り：

　長く伸びてしまうとケガきにつながる可能性があるので爪切りは必要です。専用の爪切りも有りますが人間用の爪切りでも大丈夫です。爪を光に当てると血管が見えます。

　見えにくかったり、深く切ってしまったりして出血する場合もあります。その時は慌てずに出血した場所に線香（火をつけた）を一瞬当てて止血します。

　爪切りに自信のない方は、動物病院などに連れていきましょう。

●出血：
ケガなどでの出血の場合は爪と違い皮膚などになるので、応急措置として小麦粉などを付けて様子をみましょう。血が止まらないようであれば、直ぐに動物病院に連れていきましょう。

保定持ち；正しい鳥の持ち方

まず用意するもの

ゲージ、餌入れ、給水などの情報
・ケージ（とまり木）
・餌入れ、給水器、青葉野菜入れ、水浴び器
・保温器
・巣箱
・フゴ・プラケース
・キャリー（移動）
・温度・湿度計・体重計

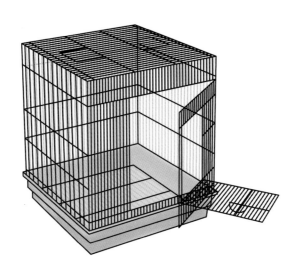

病院に行くことを考え、移動用キャリーは用意しておくと便利です。虫用のプラケースでも可です。

クチバシが底につくぐらいまで餌を入れます。

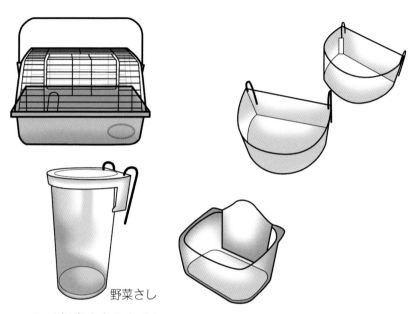

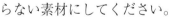
野菜さし

カゴを暗くするために

大きなバスタオルなどをかけても良いと思います。

布は何を使用してもOKですがサラサラしている爪がひっかからない素材にしてください。

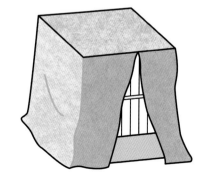

特に守って欲しい事

ほとんどの方が室内飼育になると思いますが

現在、日本のセキセイインコは日本で繁殖を繰り返して日本の気候に順応しています。屋外の鳥小屋でセキセイインコを飼われてるのを見た方も多いでしょう。

インコさんを飼う中で、まずは、

Point

- ●餌はバランス良く与え、太らせないようにしましょう。
- ●餌、水は清潔に保ちましょう。
- ●ゲージも清潔にしましょう。

温度管理ですが！

夏場などクーラーの風が直接あたらないようにしましょう。

冬場などは、極端に寒く、ない限りは大丈夫ですが、インコが体を膨らませたり寒がってる場合は、保温してあげましょう。

多少の温度差にもならしてインコの体質を強くしてあげる事も必要です。余りにも過保護にならないようにしましょう。

夜でも照明がついていて明るい場合は、日没に合わせてゲージに遮光の布などをかけて暗くしてあげましょう。過剰な発情を防げる場合もあります。 規則正しい飼育管理をしてあげる事が大事です。

べたなれを目指す

ヒナから家族になったインコちゃん、慣れてくれるでしょうか？　心配ですよね？

　サシ餌から育てていると、親や仲間と思い込んで、とても慣れてくれます。いっぱい話しかけて、定期的に遊んであげましょう。

　でも、遊んであげるのが不規則になると、せっかく、べたなれになったのに、飼い主への興味が薄れてしまう事もあるので注意しましょう。

Q 肩や足、頭に乗るのは、手乗りではないの？

A　そんな事はありません、飼い主の手に乗らなくても、飼い主の体にとまれば手のりと言ってよいでしょう。あくまでも手に乗せるのが一般的に言われてるからだと思います。インコにも性格があり、手よりも高さのある肩や頭が好きな子もいれば、足に興味を示す子もいますからね。

Q 買ってその日に手に乗らないのは、手乗りではないの？

A　買って直ぐに安心する子もいれば、急に飼い主さんが変わるので、警戒する子もいます。ベタなれインコを目指すには、飼い主さんがどれだけ、その子を安心させて、愛情をそそぐかで変わります

注意すること

●餌、水などは常にチェックして！
水入れなどに糞が入ってた場合は直ぐに取り替えましょう！

水飲み専用給水器は糞などが入りにくいので便利です。

梅雨時期は餌にカビが出やすくなるので餌入れが湿らないようにして下さい。

可愛いからと言って人間の食べ物を食べさせる事はやめましょう。人間の食べ物は塩分、糖分、脂肪などが多く含まれる為、セキセイインコにとって内臓などにダメージを受ける可能性がある為です。カゴの中も常に綺麗な状態を保つように掃除もしましょう。

●温度管理
ヒナは保温が大切ですが！成鳥になって、余りにも暑くなったり寒くなったりしないかぎり過保護にしない事です。

●体調チェック
セキセイインコの選び方で述べた内容で毎日チェック！

●室内で放鳥する場合
窓などが空いてないか確認しましょう。

●**中毒**：家具の塗料、観葉植物、灰皿、殺虫剤など、カジったりして中毒になるものがあるのでその場合片付けられる物は片付けておきましょう。

●**感電**：電気系ケーブル

●**溺死**：水槽などにはフタをしましょう

●**転落**：家具の隙間などに落ちたり、倒れた置物で怪我をしないように倒れやすい危ない置物は片付けておきましょう。

●**激突**：ガラスなどに衝突する危険があるので！窓にはカーテン、大きな鏡にはカバーをかけましょう。

●**火傷**：熱いお湯など、台所などに入らないようにしましょう。冬場はストーブなどにも注意して下さい。

●**圧死**：クッションなどのすき間や下にもぐりこんだりする場合もあるので注意しましょう

　放鳥する時は常に飼い主さんが目を離さずに！見ていてあげましょう。

卵対策　過剰発情

●メスは、オスが居なくても発情して卵を生む事があります。

原因としては、栄養過多により卵を生んでしまう事です。そのような時には高カロリーな食べ物を控えた方が良いでしょう。

同時に夜も明るく照明がついている部屋ではゲージ遮蔽布などをかぶせて明るい場所で過ごす時間を１０時間位にしてあげましょう。

●もうひとつは、手のりに多くみられます。

可愛くて思わず、なでなでしてしまいますよね。

オスでは問題ないのですが、メスにとっては頭から背中にかけて、なでなでしてしまうと発情のきっかけになってしまうので注意しましょう。

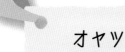

オヤツ

　基本的にはおやつは必要ありませんが、インコと遊んであげる時に、ごほうびとして手から与えてあげると良いかもしれません！　手から与える事で飼い主との関係がさらに深くなり、安心も出来て仲良くなれると思います。

　各メーカーから色々なおやつが販売されていますが、脂肪分の高いものや糖分の高いものなどもありますので与え過ぎには注意しましょう。

　おやつとして野菜を与えるのも良いかもしれません。

副食（その他の餌）

主食と野菜以外に次にようなカルシウムやミネラルも与えましょう。

●ボレー粉：
カキの殻を焼いて砕いたものです。骨や卵をつくるうえで大切なカルシウムとなります。

●カトルボーン：
イカの甲です。これもカルシウムを補う為のものです。

●塩土：
塩分とミネラルを補うものです。塩分を取りすぎると水を飲みすぎて下痢の原因になるので注意しましょう。

固まりをそのまま与えるのではなく、崩して少し餌に混ぜて与えるのが良いでしょう。

●カルシウムブロック：
カルシウムやミネラルを含んだブロックです。色々な種類があります。

野菜

　小松菜、チンゲン菜、豆苗、ブロッコリー、パセリ、ニンジン、トウモロコシなどです。
　レタスやキャベツなどは水分が多く栄養価が低いので青菜の方が良いと思います。
　野草などでは！
　ハコベ、オオバコ、タンポポなども良いでしょう。
　野菜は良く洗ってから与えましょう。

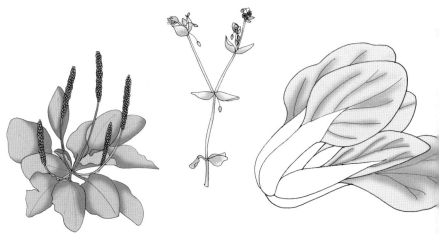

　ハコベは種が売られており手間がかからないので、育てている人も多いです。新鮮な野草を鳥はとても喜びます。

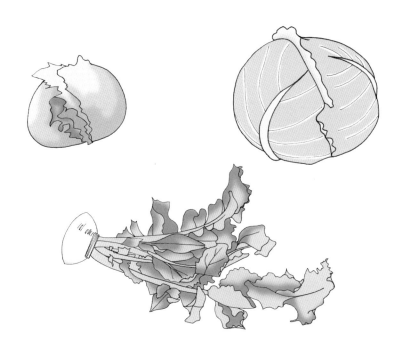

Point

ハコベ；野草では一番お勧め。蕾がおいしい
小松菜；野菜では一番お勧め。鳥野菜の基本。
生トウモロコシ；ハトミルクといわれるほど栄養が豊富。
ニンジン；根は勿論葉も美味しい。生のままあげても、乾燥させてハーブにして与えても喜びます。
チンゲンサイ；移動の際の水分補給に。
豆苗：人気の野菜。スーパーで安価に手に入ります。
犬稗；田圃で見つけることができます。生でも乾燥させても
ハコベ；葉が喜ばれます
大根の葉；あまり人気ではない

シード

　セキセイインコの餌は、ヒエ、アワ、キビが主体となりますが、それ以外にカナリーシード、オーツ麦、ニガシード、ソバの実などをまぜて与えても良いでしょう！

　大型セキセイインコは毛質が長い為たんぱく質を必要とするので、カナリーシードが少々大目となります。
(換羽時などはカナリーシードを少々多めにしてあげても良いかもしれません)

　市販の配合餌でも良いですがメーカーによっては多少配合割合などが違うので、肥満に気をつけて選ぶのをお勧めします。
　餌には皮ムキと皮付きの二種類があります。
　皮ムキ餌は、皮が飛び散らなく餌の減りが分かりますが皮に含まれる栄養が失われてしまいます。
　逆に皮付き餌は皮ムキ餌に比べ栄養面的にも良く、自分で皮を向くのでクチバシの運動などにもなります。
　皮付き餌は面倒かも知れませんが鳥さんにとっては、皮付きが良いと思います。注意点として、皮付き餌は皮が餌入れに残って、餌の減りが分からなる場合があるのでこまめにチェックしましょう。

カナリーシード

そばの実

ニガシード

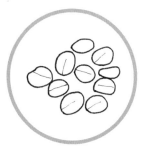
オーツ麦

Point

アワ・ヒエ；鳥の餌の基本となる餌の1つ

キビ；炭水化物が多く、その次にたんぱく質・脂質が含まれる

大麦・小麦・エンバク；低脂肪・低蛋白で、炭水化物を多く含む穀物です。

カナリーシード；ヒエ、キビと栄養価的には変わりがない（栄養比率が高い）

ソバ；繊維質・ビタミン・ミネラルが豊富

ニガーシード；栄養価が高い。（脂肪分も高い）

粟穂；オヤツとして大人気。常備しておくと外出時に便利。赤粟穂・黄粟穂などがある。

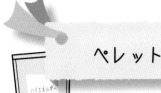
ペレット
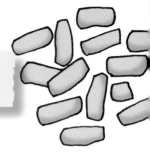

　ペレットには色々な種類があり！必要な栄養が全て摂取出来るように固めて作られたバランスの良い餌です。通常与えるタイプのものから、高いカロリーのものやダイエット用のものなどあるので、そのインコに合ったものを選んであげましょう。

　ペレットだけ食べて貰えたらバランス良く栄養を摂取出来ると思いますが、穀物餌に比べると、好き嫌いがあるので、なれさせる必要があります。出来れば幼鳥時期から少しずつなれさせれば良いと思います。

　普段の餌に混ぜて与えてあげるのも良いと思います。

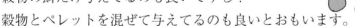

ペレットだけ与えてるのも良いですし！
穀物の餌だけ与えてるのも良いですし！
穀物とペレットを混ぜて与えてるのも良いとおもいます。

一番大事な事はインコがバランスよく栄養を摂取出来て
健康な個体を維持出来る事が大切です。

　サプリメント：各種ビタミンや腸の働きを促進させるものがあります。これはお店でも手に入ります。成分表示が記入されたものを選びましょう。獣医師に相談するのも良いでしょう。

教えて！ メイトマン

Q セキセイインコの♂にはアレがないと聞いたのですが？本当なのでしょうか？

A はい！ 本当です。見た目は♀と同じように総排出腔（肛門）になっており、交尾時にこの総排出腔をこすりつけるようにして交尾します。

Q 大型セキセイと並セキセイを結婚させた場合ヒナのサイズは？

A 結婚して生まれたヒナは成長しても大型セキセイインコサイズにはならず中間ぐらいの大きさになると思います。

Q 日本で一番高いセキセイインコはいくらで、その種類と色は何ですか？

A ブリーダーさんによっては高額で売る方もいるみたいですが、高くても数万円だと思います。更に高額になるのが海外ブリーダー系統の大型セキセイインコが数十万円で出回っているのを見た事があります。

Q ハーフサイダーのセキセイは存在するのでしょうか？

A 存在します。ハーフサイダーと聞くと一瞬飲み物？　と思ってしまうかもしれません。ハーフサイダーとは２つの品種の特徴を合わせ持つ生体のことをいいます。分かり易いものでは体の色が左右や上下にはっきりと分かれている生体です。原因としては色素の遺伝子によるものと、染色体異常で現れるものがあるようです。

Q フェザーダスターについて教えてください

A 羽の成長が止まらず、伸び続けて見た目がモップのようにモサモサになってしまう状態です。
原因は不明で解明されていませんが、ペットバードではなく大型セキセイインコでは系統も関係しているのでは

A といわれています。　寿命は短く6ヶ月ほどといわれています。中には2年近く生きたインコもいるようです。

Q ぼくは最強のセキセイを探しています。しかし毎回♀が当たります、これはどうしてなのですか？

A 全体的に見て♂と♀を比べた場合♀の方が気が強い傾向があります。母性本能が関係しているのではないかと思います。特に発情・巣引きの時の性格が凶暴になる事があるので注意して下さいね。

Q 日本でも野生化したセキセイを見ることが出来るとテレビで見ました。これは一体どこでしょうか？

A 逃げたインコがいるのを見た事はありますが、セキセイインコが日本で野生化・繁殖したのを見た事はまだワタクシはないですね（汗）

注意すること

●こんな鳥は注意
ヒナ、若鳥や老鳥などは、季節の変わり目には注意しなければなりません。夏場はクーラーの直接当たらない場所にゲージは置きましょう。

●冬場は一番気をつけないといけないのです。
健康な成鳥なら、余程の寒さでなければ保温は必要ありませんが、ヒナ、若鳥にとっては初めての冬です。朝晩の気温差が激しいのも良くないです。
この時期は、老鳥、病鳥、産卵をひかえたインコにとっても厳しい季節です。
　健康な成鳥でも巣引きはひかえた方が良いでしょう。
　ヒナ、若鳥、老鳥、病気の鳥で、羽を膨らませ寒がってる時は、保温をしてあげましょう。

●又、乾燥にも注意が必要です。
乾燥しがちな冬場は、ウイルスが繁殖しやすい環境になります。
　加湿はしてあげましょう！そして、昼間などに空気の入れ換えもしてあげましょう。

換羽（トヤ）

　季節の変わり目になると、羽の抜け換わりになります。
　この事をトヤと言います。頭の上などにツンツンとした羽の元が飛び出してきます。
　中には年中、トヤを繰り返す個体もいます。

　トヤの時は、体力も消耗して、いつもより栄養が必要になります。羽の成長にはたんぱく質を含む、カナリーシードやエッグフードなど少々多目に与えて下さい。

問題行動（噛む　毛引き）

　噛んだり・奇声をあげたり・毛引きするなどは、何かしらの原因があります。

・飼い主側の原因か？
・鳥さん側の原因か？

さまざまです。

　今まで噛まない子が噛んだり、毛引きするようになってしまった。何かしらの環境の変化など無かったですか？
　一緒に遊ぶ時間が少なくなったり、初めて一緒に旅行したりなどと急な環境の変化でストレスを感じたり反抗的になってしまったのかもしれません！　もし、つかんで噛むような事が続くのであればオモチャなどに気をひかせるようにしてみてもよいでしょう。

　そして、急な環境変化にならないように注意しましょう。
　発情、産卵、子育てで噛む事もあります。これは反抗ではなく、攻撃に近いです。メスは子育てに入る事で急に母性本能が強くで

る個体もあります。産卵が始まってから攻撃するもの、ヒナが孵化してから攻撃するものと様々です。
　この場合は、子育てが終われば大体落ち着きます。
問題行動が始まった時には、その前に何か変わった事がなかったかを考えてみるとある程度の原因が分かると思います。

※鳥さんの性格にも原因がある場合があります。

病気

　日々の飼育の中で、餌の食べる量が少なくなったとか、フンの状態が変わったとか羽を膨らませたりとか、健康な時とは違った状態に気付くと思います。

　早期発見、早期治療が大切です！　あなたが家族であり看護師でもあります。羽を膨らまている時はまずは保温をしてあげましょう！

　少し体調を崩しているのであれば保温で良くなる事がありますが、保温しても羽を膨らませたままであれば動物病院で診てもらいましょう。

　鳥は、犬猫よりも早期発見、早期治療が大切です。

ケガ

●(外傷・骨折・脱臼)
放鳥時に、ぶつかってしまったり、ドアにはさまってしまったり、爪などがカーテンにひっかかったり、カゴの中で隙間に爪、指などが挟まりとさまざまな原因があります。 鳥同士のケンカもそのうちのひとつです。

●やけど
やけどの原因は飼い主の不注意が原因です台所での鍋やヤカン、熱い飲み物を入れたカップやストーブなどです。やけどは飼い主が気をつければほとんど防げると思います。
　火傷をしたらまずは流水で冷してあげましょう。

おもな病気

●肥満

肥満は色々な病気の原因になります。

高カロリーな餌の与え過ぎや運動不足によることが多いです。

太って来たと感じたら、餌の調整や運動を心がけましょう。

●胃腸炎

塩分や刺激の強い人間の食べ物や古く痛んだ餌、腐った水が原因でかかる病気で細菌、真菌、寄生虫などが胃や腸の粘膜に炎症をおこします。

食欲が落ちたり、下痢などの症状や羽を膨らませたりします。

●そのう炎

そのうという器官に炎症が起こり、動きがわるくなります。原因は細菌や真菌、トリコモナスなどの寄生虫が感染して起こる場合と人間の食べ物や古くなった餌などを食べてそのう内で餌が腐敗することなどで起こります。嘔吐したり、食滞をおこし、そのうに餌が貯まったままになる事があります。

●脱肛

総排泄腔や直腸が反転して、肛門から外に飛び出してしまう状態です。下痢や便秘などで起こると言われています。

産卵中のメスに見られる卵管脱に似ています。この病気はオスにも起こります。

●オウム病

クラミジアの一種のオウムクラミジアと言う細菌に感染して起こります。食欲低下や元気もなくなり下痢や、鼻水、くしゃみなども出るようになります。この病気は哺乳類や人にも感染する事があるので注意が必要です。

●呼吸器症(気道炎)

風邪の症状のように、鼻水、くしゃみ、せき、目の 炎症などで涙が出たり、細菌、真菌、ウイルスによるものや寒さや空気のよごれなど原因はさまざまです。

トリヒゼンダニの寄生によって起こります。

発症するとクチバシに白い線のようなものが入ったり、クチバチの付け根や、ろう膜、目のまわりに白いかさぶたのようなものが出来ます。脚や肛門付近にもひろがり、クチバシや爪などの変形の原因にもなります。痒い症状なので痒がって顔やクチバシなどをカゴなどにこすりつける動作などが見られます。

●ワクモ

目に見えるほどのダニの一種です。暗い場所を好み、昼間は巣箱やとまり木の隙間などに隠れています。

夜になると鳥の体にとりつき血を吸います。頻繁に夜バタツクようであればワクモの可能性があります。

ワクモが増えてヒナなどは血の吸われ過ぎで死んでしまう事もあるので注意しましょう！

月に一度のカゴや巣箱などの熱湯消毒は必要です。

●トリコモナス

トリコモナス原虫という寄生虫がそのうに寄生して、のどや食道にも寄生します。水をよく飲み、食欲低下や餌の吐き戻しなど、元気がなくなり羽を膨らませたりします。くしゃみや結膜炎を起こしたり、鼻水が出たりします。症状が進むと呼吸困難などを引き起こします。

●コクシジウム症

コクシジウム原虫が腸に寄生して起こります。

無症状ね事が多いですが、コクシジウムの種類によっては、下痢、急激にやせて、死んでしまう事もあります。抵抗力の弱いヒナなどは特に注意が必要です。

●マクロラブダス症

（ＡＧＹ・メガバクテリア）真菌の一種でほとんどの鳥が保有していると言われています。その個体の体質や免疫力にもよりますが、下痢、嘔吐、食欲低下などが見られます。

●結膜炎

細菌やウイルスの感染やビタミンＡ欠乏や目にゴミが入ったり、ケンカや自分でひっかいたりすることによっても起こります。まぶたの腫れにより、涙や目やにが出て、その目を気にしてカゴにこすりつけたりします。

●痛風

尿素廃棄物をうまく体外に排出する事が出来くなってしまう病気です。腎不全が引き金になる事が多く、食欲低下や元気もなくなりやがて死んでしまう内臓型と脚を引きずったり、とまり木にとまれなくなるような症状の関節型があります。

●栄養性脚弱症

ヒナの時に起こりやすい病気です。歩行異常が見られたりその影響で翼なども痛めてしまいます。

　ヒナ時期にアワ玉だけで育て、カルシウムやビタミン不足で栄養の吸収などが落ちて、しっかりした骨格が出来上がっていない事が原因と考えられます。又、寄生虫や細菌が原因の場合もあります。

●腫瘍

色々な部位にさまざまな種類の腫瘍が出来ます。体表の腫瘍から、腎臓、卵巣、精巣、甲状腺などに多く見られます。

●毛引き症・自咬症

自分で自分の羽などを抜いてしまう毛引き症。

自分で自分の脚や翼をかじってしまう自咬症。

手のりに多く見られます。ストレスによるものが多いと思われます。

●フレンチモルト(コロ)

様々な原因による毛質障害などの疾病。

症状としては、脱羽やクチバチ・爪の過長などがあり、原因としては、栄養障害やウイルス感染など様々であるが死亡してしまうケースもあります。

ウイルスなどのケースでは下記のタイプなどがあります。

PBFD：「サーコウイルス感染症による、クチバチ・羽毛病」
BFD：「ポリオーマウイルス感染症による、ヒナ病」

サーコウイルス科に属すPBFDウイルスは、ウイルスの中でも最小で、長時間の環境で安定し、感染能力の持続が強いタイプのウイルスです。

感染経路は、感染鳥からの糞、脂粉吸引や、親からヒナへの給餌時などからの感染が知られています。

感染後は！　大きく3分類になります。

死亡：発症しての死亡など　キャリア：発症なし、又、発症した場合でも外見上は完治のように見えるが、体内ウイルス保有の場合も有り、体調不良時などに糞などから感染させる危険性があります。

完治：発症後、体内からウイルスが完全に排除され完治する例があったようで、完治の場合は、免疫が出来るので、PBFDにはなりづらくなると思われます。

ウイルスの潜伏期間は一定ではなく、3週間程のものから数ヵ月〜数年。インコの種類によっては長い期間で数十年との報告もあります。

詳しい症状としては。

巣立ち前のヒナが発症する事なく死亡するものや、巣立ち後のヒナや若鳥が感染した時、下痢、食滞などの症状後、羽毛症状発

生や死亡などの急性型。

　若鳥・成鳥などにみられる羽毛障害、クチバチ・爪の変形などの慢性型。 などがあります。

●腹水

様々な病気の症状としてあらわれます。原因としては卵管炎症や肝臓疾患や腹部臓器の腫瘍などがあり、腹水の量が多くなると、食欲低下や元気がなくなってきたりします。羽を膨らませたり、うずくまったりして水もたくさん飲んで、水分の多いフンをします。

●卵づまり

卵秘とも呼ばれているようで、メスだけの病気になります。お腹に産卵出来ない卵が詰まっている状態です。年齢や餌に影響にも原因がありますが秋冬の気温が１４度以下になる場所での巣引きは避けた方が良いでしょう。

＊病気かな？　と思ったらケガと同じく早急に動物病院で診てもらいましょう。

写真撮影

　セキセイインコはデリケートなので、まずは近写での撮影をするのではなく、望遠レンズを使って距離を取って撮影することをお勧めします。

　カメラは常に見える所に置いておき、怪しまれないように。撮影に使う小道具などは1～2週間前から見える所に置いておくと撮影の際怖がる事がありません。

オヤツなど好物を用意しておくのも成功の秘訣です。ペアや多頭撮りは難易度が高くなりますので、まずは手乗りの一羽撮りから始めることがお勧めです。また一番撮りやすいのは文句をいわない？　飛べないヒナの時期です。

　慣れてくれば指定した場所で停止し、モデル鳥として撮影に協力してくれるようになりますが、セキセイインコはオカメインコなどと違い小柄で機敏な動きをするため撮影対象としては不向きです。
　またセキセイを外で放し飼いをしている場所もあります。そうした場所に足を運んび撮影を楽しむこともお勧めです。

●こどもの国（横浜市青葉区）

http://www.kodomonokuni.org/
　こども動物園には約300羽のセキセイインコが暮らしています。巣引きにも成功しており、ヒナの季節にはペアのセキセイの愛らしい姿を見ることができます。
＊品種紹介ページの一部はこどもの国にて撮影いたしました。

●相模原麻溝公園

http://www.city.sagamihara.kanagawa.jp/shisetsu/kouen_kankou/kouen_ryokuchi/005922.html
　ケージにセキセイインコがオカメインコと共に暮らしています。範囲が限定される分撮り易いかもしれません。文鳥のバードケージ中にあります。

撮影をする前に小道具などは鳥の見える所に置いておきます。

1〜2週間置いておくと違和感がなくなるようです。

撮影道具に大好物のオヤツを入れておくと鳥たちが喜んで撮影に協力してくれます。

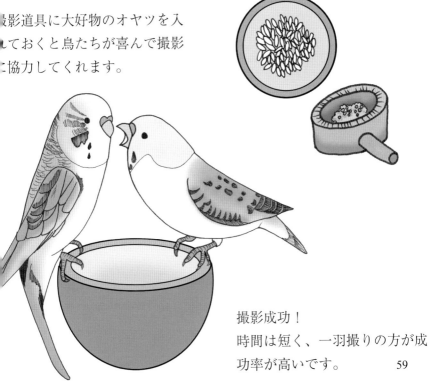

撮影成功！
時間は短く、一羽撮りの方が成功率が高いです。

鳥も診れる動物病院

現在は鳥を専門的に診てくれる病院も増えてきました。
あらかじめ鳥を診てくれる病院を探しておきましょう。

●獣医のいるアニマルケアサロン FLORA(フローラ)
東京都港区南青山7－14－6本間ビル3F
電話 03-6427-5780

●富士動物医療センター
静岡県富士市今泉2302-3
電話 054-557-0001

●馬場総合動物病院
神奈川県川崎市中原区下新城2－6－36
電話 044-777-1271
年中無休　AM9:00～PM8:00　緊急時24時間対応

●てらむら動物病院
京都府城陽市寺田垣内後46－7
電話 0774-55-2809

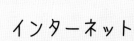

インターネット

　インコサークルに入るほどではないけれど、時には鳥好きな人と交流してみたい。見るだけでも楽しいですが、通販も可能です。

●キクスイ
鳥の餌の専門店。鳥の餌ならおまかせ！長年小鳥店を経営してきた全てのノウハウを鳥の餌づくりに生かす飼料製造メーカー。
　http://www.kikusui-jp.com/

●Ｂｉｒｄｍｏｒｅ
鳥専門病院＆鳥用品が充実した鳥専門のペットショップです。
http://www.birdmore.com/

●こんぱまる
インコ・オウムの専門店こんぱまる　手乗り鳥500羽以上！珍しい鳥もたくさん居ます！
　http://www.compamal.com/

●朝日商事株式会社
鳥の餌、オリジナルブレンドも作れる鳥のレストラン
http://www003.upp.so-net.ne.jp/asahi-syouji/

インコサークル

セキセイインコ専門サークルは日本では2種類あります。

●日本高級セキセイインコ保存会

http://aramaki.kotori.mobi/wordpress/

　本会は、昭和43年（1968年）10月に設立されたセキセイインコ愛好家趣味の会です。本会の目的は、美しく、健康な高級セキセイインコの作出と、各品種の保存にあります。

　初心者だから無理だと思っていませんか？そんなことはありません。誰もが最初は初心者なのです。美しい鳥たちがあなたの入会をお待ちしています。

●日本ショーバードセキセイ会　JSB

JSB

http://jsb.dsup.net/

　大型セキセイ愛好家が集う会です。

　展示会　年1回　／　会報　年4回発行　／　他会展示会招待参加　etc 会を通して上記の活動を行っています。　会員は、北は北海道、南は沖縄、全国各地に会員がおります。

　セキセイインコほど柄模様・色彩・体格等に多くの変種が作出された鳥は他に例がないと思われます。

「本部英国・WBO 世界セキセイ機構」に加盟しており、当会展覧会に於いて入賞鳥は WBO を通じて世界に発信しております。

セキセイインコだけではなく、他のサークルも存在します。

まずはイベントから参加をして、鳥仲間をみつけてみてはどうでしょう？

●日本オカメインコ審査会

http://okamejca.com/

　本会はオカメインコを健康に飼育すると共に、繁殖等の情報交換および知識の普及を目的とし、交流会、品評会・講習会等の開催、会報の発行、オカメインコの血統管理の支援等を行います。

　現在オカメインコを飼育なさっている方、或いは、これから飼育してみたいという方は、是非 本会にご入会頂き、健康なオカメインコを育てるために手を取り合って頑張って参りましょう。

●地方ごとの愛鳥会

東京ピイチク会(東京)
中日本愛鳥会(愛知)
やまと愛鳥会(奈良)
全日本洋鳥倶楽部(兵庫)
日本飼鳥会(群馬)

インコイベント

https://twitter.com/search?q=torifes&src=sprv より
＊最新情報は　ハッシュタグ　#torifes　で検索してください
各イベントの詳細情報は各団体の公開情報を参照下さい。
2015年度

◆8/1-2 バード＆スモールアニマルフェア(さいたま)
◆8/8-9 博物ふぇすてぃばる(竹橋)
◆8/14-16 夏コミ(有明)
◆9/6 東京ピイチク会秋の小鳥祭り(東陽町)
◆9/12 動物愛護フェスティバル中央行事(上野)
◆8/30 コミティア(有明)
◆9/12 動物愛護フェスティバル中央行事(上野)
◆9/27 わたこと(外苑前)
◆10/18 世界のジュウシマツ展(浅草)
◆10/23-28 文鳥まつり(吉祥寺)
◆11/1 東京巻毛金絲雀会一羽立審査会(上野)
◆11月初旬 日本オカメインコ審査会品評会(東浦和)
◆11/14-15 東京巻毛金絲雀会番立審査品評会(上野)

原産地のセキセイ

　セキセイインコの原種は、オーストラリアで野生のまま生息している緑色(ノーマルグリーン)です。

　飼育されるようになってからは、様々なバリエーションの柄、色などが作出され現在では5,000種以上の種類がいると言われています。

　最近は頭の上にお皿が乗ってるようなボンテンタイプ、背中の羽が独特な羽衣タイプ、や大型セキセイインコ（ペットタイプやショータイプ）なども身近に見られるようになってきました。

© 岡本勇太

beauty in the nature

セキセイインコ、オカメインコが住むオーストラリアの大地

岡本　勇太 (著)

野生の鳥が織り成すオーストラリアの野生の鳥写真集

ISBN-13: 978-4903974-49-1 【1200円+税】 発売日：13/10/20

インコ豆知識

　漢字で書くと背黄青鸚哥（セキセイインコ）。

　背黄青鸚哥は日本に１９１４年に輸入された時に持ち込まれたセキセイインコの背中が黄色と緑の縞模様だったことから背黄青鸚哥と言われるようになったようです。

　一般的なセキセイインコの平均体重は３５ｇほど。大型セキセイインコで５０ｇほどといわれていますが、これはあくまでも平均として頭に入れたほうが良いでしょう。現在のセキセイインコは日本に入ってきた当時と比べると小さくなっていると思われ、大型を含め長さ、大きさ、骨格などもさまざまでそのインコに合った体重があります。

　平均より重いからといって太っているとは限りません。そのインコに合った体重を維持してあげる事が大事なのです。

＊脂肪のつけすぎには注意しましょう！！

2羽目の鳥

　一度飼ってしまうと可愛くてもう一羽欲しくなったり、仲間を増やしてあげたいと思ったりと理由は様々と思います。

　飼い方は一羽目と同じ方法で良いですが、インコにも性格があり、同じように育てても色々な個性が出てきます。それも一つの楽しみかもしれません。

　2羽以上になると、インコ同士の相性などもありケンカする時もあるので注意しましょう。

　手乗りで育てた場合、やきもちを焼くインコもいるので、バランス良く遊んであげてくださいね。

　遊んであげるのが少なくなると半手乗り状態に戻ってしまう事もあるので注意しましょう。

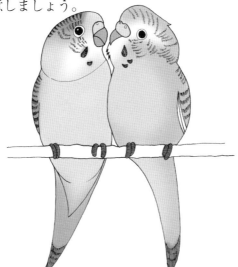

移動・宿泊

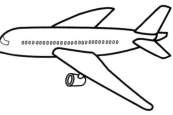

宿泊や移動

宿泊：旅行や遠出で宿泊する場合があるかもしれない時ですが。

一泊くらいの宿泊ならお留守番させてあげても大丈夫でしょう。

二泊以上の宿泊の場合、宿泊先やインコの性格にもよりますが！　宿泊先が転々としたり移動が多いようであれば、知り合いやペットシッターなどに頼んだり、ペットホテルなどにお願いした方が良いかもしれないです。

事前にペットシッターや預けられるペットホテルなどを探しておきましょう。

インコさんは飼い主と会えなくなると、ストレスなどで毛引きなどをするようになるので長期間の宿泊は注意が必要です。

移動：宿泊先や病院などの移動ですが、
バス、電車、車、飛行機など様々です。

公共的乗り物で鳥不可もあるようです。

車で移動の注意点は、まずは温度です。夏場は暑く、少しの間でもエンジンを切った車の中に放置してしまうと熱射病、熱中症で死亡してしまう事もあるので注意しましょう。

　移動の時のゲージですが、とまり木は有ってもなくてもどちらでも大丈夫ですが！
　一番大事なのは、色々な振動などで驚いたりして、飛び上がり頭を打ったりしないように、縦幅のないキャリーなどで移動する事が良いでしょう。
　目安は、インコがゲージ底に立って頭があたらないくらいの高さが理想です。
　そして、ゲージを通気性の良い布などでカバーしてあげると少しはインコも落ち着けるはずです。
　移動の時の餌と水ですが、基本長時間の移動でなければ水は必要ないでしょう。水がこぼれて濡れてしまうからです。
　その代わり、喉が乾かないように、皮つき餌を水に浸けて膨らましたものや青菜などの水分のあるものを入れてあげると良いでしょう。

移動用ケージには粟穂とチンゲンサイがお勧めです。

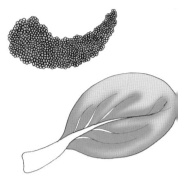

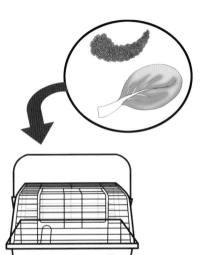

飛行機に鳥を乗せることはお勧めしません。手荷物として持ち込むことは可能です。

巣引き

　インコさんに相手を探してあげて可愛いヒナを生ませてあげましょう。
　生後８ヶ月も経てば、繁殖可能ですが！
　生後１年位からが良いと思います。

　巣引きは室内であれば１年中可能ですが、良い季節は、春と秋です。

　夏は、暑く、巣箱内が蒸れたりしてカビの発生などもあり、又、親鳥の食欲も落ちたり、ヒナにあげる餌の量も落ちたりする為です。
　冬は、気温が１４度以下になると、メスの卵づまりの原因となります。

　インコは１年に４〜５回は巣引きをしますが、
　メスの体力消耗が激しいので、３回(連続巣引きはさけましょう)までとしておきましょう。
　巣引きの年齢ですが！　６〜７才頃まで卵を生むものもありますが、メスは１〜３才。オスは１〜５才までが適していると思います。出来ればメスより年上で積極的なオスが良いでしょう。

さて、
巣引きの用意です。

●お見合いです。

別々のゲージにオスとメスを入れて様子をみます。

お互いが興味をもっているようならひとつのゲージに一緒にしてあげましょう。

ゲージですが、メスのゲージにオスを入れるとメスが怒る場合があるので、巣引き用の大きなゲージを用意しましょう。

●同居

オスとメスを一緒にして、ケンカもせずに寄り添い、オスが吐き戻した餌をメスに与えているようであればメスがオスを受け入れたと思ってよいでしょう。ケンカがおさまらない時は別々にさせて、再度お見合いをさせて様子をみます。それでもケンカが続くのであれば相性が良くないと思うので諦めましょう。

仲良くなったら餌にアワ玉やカナリーシードやエッグフードなどを与えて発情を促進させます。

●交尾

オスがメスに喋りながらちょっかいを出すように、クチバシにキスをするような行動とメスの上に乗ろうとします。

メスはオスを受け入れるととまり木の上で体を固く反らしたポーズをとりオスを受け入れ交尾をします。オスは自分の総排泄腔をメスの総排泄腔にこすりつけるように交尾をします。

●産卵

巣箱は、お見合いで仲良くなったら入れてあげましょう。

巣箱は、セキセイインコ用の木の巣箱があるので、それを用意しましょう。巣材は特に必要ないですが、パインやポプラの木のチップなどを入れてあげるのも良いでしょう。

中にはせっかく入れてあげても出してしまうインコもいるのでその時は再度入れなくてもよいでしょう。

さて、巣箱を入れると最初は警戒して、巣箱の入口を覗いたりしますが慣れてくると中に入ります。

産卵ですが、

仲良くなって、交尾もするようになると数日後から産卵が始まります。約1日おきに1個の卵を生み、約5～6個の卵を生みます。

●抱卵

メスは抱卵に入ると、ほとんど巣箱から出てこなくなります。その代わりにオスがメスに餌を運んだりします。

中には一緒に巣箱に入るオスもいます。

※検卵：抱卵して４～５日経過した卵は光を通してみると血管が見えます。これが有精卵です。慣れたインコなら検卵は可能ですが、慣れてないインコの場合、卵を触られただけで、抱くのを辞めたり、食べたりする事があるので孵化時までまちましょう。

●孵化

抱卵してから１７～１８日ほどで孵化します。

抱卵して孵化しない場合は、無精卵や中止卵の可能性があるので孵化予定日から１週間後には巣箱から卵を取り出してあげましょう。

※無精卵：精子が入らず受精しない卵(ヒナは生まれない)

中止卵：卵内にサルモネラ菌などの菌などが入り、有精卵であっても、卵内で死亡、孵化しても数日で死亡する時がある

注意：産卵から孵化後２～３週間位までは、巣箱を覗いたり、掃除はさけましょう。

●ヒナの成長

孵化すると巣箱からピュルピュルと鳴き声が聞こえてきます。孵化したばかりのヒナは赤肌で目も開いてない状態です。

お店で売られてるヒナは 生後20日くらいからのものが多いと思います。

1週間目のヒナ：目が少しずつ開きはじめます。
2週間目のヒナ：産毛が生え始め翼や胸の羽も生え始めてきます。
3週間目のヒナ：産毛がさらに密生、さらに全体的に針のような羽や尾羽が伸び、開き始めて色柄が分かるようになります。落ちている餌もついばみ始めます。
4週間目のヒナ：羽が生え揃ってセキセイインコらしくなり、巣立ちの時期となります。

遺伝の法則

　現在のセキセイインコは色柄も豊富で、巣引きをすると親とは違った色柄が生まれてくる楽しみがあります。

　逆に大型セキセイインコは系統管理がされているので、どのような色柄を作出するかは意外と簡単です。

　セキセイインコ(大型も含む)の中で、最近、ルチノー(黄色で赤目)のオスを見る事が少なくなってきました。これはペアリングによります。

●遺伝的に、ルチノーのオスを作出するには！

　オスのルチノーにメスのルチノーか。オスのルチノースプリット(ルチノーの血が入ってる)にメスのルチノー。でオスとメスのどちらのルチノーも生まれます

　オスのルチノーにノーマル、オパーリンなどの一般的な色柄のメスで生まれてきた子供でルチノーも出てきますが、このルチノーはすべてメスになります。

最後に

　最後に、セキセイインコと付き合うなかで、病気・ケガなどに遭遇する事は、仕方のない事です。飼い主がいかにして病気にさせないような環境作り、飼育知識を学ぶかが大切だと思います。もし、病気・ケガに遭遇しても、慌てずにきちんと対応して下さい。

　そして、きちんと向き合ってあげて下さい。そして、自己回復能力などの体質の強いインコになるような飼育管理をしてあげて下さい。

I LOVE YOU!

イーフェニックスの鳥本

鳥クラスタに捧ぐ鳥4コマ

オカメインコから文鳥ヨウム等など鳥づくし♪

よしだ☆かおる (著)

小さな困りごとから大きな事件まで。大切な思い出のヒトコマ を
コミック：160ページ：掲載鳥種　たくさんの鳥
ISBN-13: 978-4903974-43-9 【900円＋税】 発売日：2012/4/2

鳥クラスタに捧ぐ鳥4コマ2

オカメインコから文鳥ヨウム等など鳥づくし♪

よしだ☆かおる (著)

鳥4コマ＆コミックエッセイ 鳥派漫画家の本気の一冊。
コミック：160ページ：掲載鳥種　さらにたくさんの鳥
ISBN-13: 978-4903974-72-9 【900円＋税】 発売日：2013/4/2

鳥クラスタに捧ぐ鳥4コマ3

オカメインコから文鳥ヨウム等など鳥づくし♪

よしだ☆かおる (著)

2度あることは3度ある。皆様のお家はいかがですか？
コミック：160ページ：掲載鳥種　てんこもりの鳥とイケメンを
ISBN-13: 978-4903974-95-8 【900円＋税】 発売日：2014/9/

ふくふくオカメインコ

新子 友子 (著)

難しいことは全てナシ！オカメインコの可愛さを楽しむ一冊です！
　コミック：192ページ；掲載鳥種　オカメインコ
　　ISBN-13: 978-4903974-72-9 【900円＋税】 発売日：2013/6/16

ふくふくオカメインコ２

新子　友子 (著)

オカメのいない生活なんて。飼い主の深い愛に驚愕せよ
　コミック：160ページ；掲載鳥種　オカメインコ
　　ISBN-13: 978-4903974-94-1 【900円＋税】　発売日：2014/9/2

いいちこインコ
とある焼酎(の箱)好きオカメインコの日常

花沢　りん吉 (著)

ニコニコ動画で大人気のオカメインコがついにコミックに。
　コミック：160ページ；掲載鳥種　オカメインコ
　ISBN-13: 978-4903974-96-5 【900円＋税】　発売日：2013/12/12

beauty in the nature
セキセイインコ、オカメインコが住むオーストラリアの大地

岡本　勇太 (著)

野生の鳥が織り成すオーストラリアの野生の鳥写真集。
　鳥写真集：96ページ；掲載鳥種　オーストラリア産インコ多数
　ISBN-13: 978-4903974-49-1 【1200円＋税】 発売日：2013/10/20

著者プロフィール

メイトマン

著者略歴
本名：命苫健策ﾒｲﾄﾏｹﾝｻｸ　１９７０年２月６日！　鹿児島県で誕生！　血液型Ｏ型！　麻布大学獣医学部環境畜産学科(現：動物応用科学科)繁殖学研究室に所属して勉学に励み？(笑)卒業。現在、
麻布大学同窓会交流委員会委員。麻布大学同窓会動物応用部会代議員。
神奈川県野生動物リハビリテーター
ＪＳＢ：日本ショーバードセキセイ会(大型セキセイインコの会)幹事長として所属。フェイスブックやアメブロ：命苫健策！　ミクシィ：めいとま幹事長！　INITIAL RING No.M-26

イラスト　希咲

鳥の専門家が書いた　セキセイインコの飼育本
　　　　　　2015年8月1日　初版・発行

著者　　メイトマン
発行元　イーフェニックス Book-mobile
　　　　〒160-0022　東京都新宿区新宿 5-11-13 富士新宿ビル4階
　　　　電話番号　046-283-1915　FAX　046-293-0109
発行人　池田智子
印刷・製本　光写真印刷
ISBN　978-4-908112-06-5
定価はカバーに表示してあります。
乱丁・落丁本がございましたら小社出版営業部までお送りください。
送料小社負担でお取り替えいたします。
本書の無断転載・複写・複製を禁じます。

©Meitoman
Printed in Japan